拥有多肉植物的生活

日本季色 著　张琳 译

中国纺织出版社

目 录

像用彩色铅笔画画一样

画笔排成排，
像在空白处作画那样来种多肉植物。

多肉植物鲜活地生长着——
自从 2009 年开始以"季色（TOKIIRO）"为名进行多肉植物创作活动至今，对每一次活动都十分重视。
眼前呈现的多肉植物姿态便是现在环境所展露的一瞬景色。
明天、后天、一周后、一个月后、一年后……随着时间的流失，多肉植物随着环境而变化，向我们呈现出新的景色。这并非是所谓的完成，而是在反复不停地成长与前进。

季色真挚地对待多肉植物，从园艺中得到启示，从而产生了将多肉种在一起的想法，提出要把多肉种植作为一种艺术。
如同插花艺术一样提升空间、展现世界，如同盆栽一样裁剪一隅风景。
季色花费了大量的时间与心血终于创作出了升级版《植物的变化》。

对季色而言，容器是如同画纸、油画布一样的存在。
用多肉植物这种画笔来呈现小小的空间（宇宙）中涌现的灵感或回忆，像作画那样来种植多肉植物。所以没有空间就无法表现。
一个一个认真制作出来的陶器，随着釉彩使用方式或形状的不同而产生了美妙的偏差，打磨过后的个性表现的即是"宇宙"。

为容器的宇宙增添色彩的画笔并不是什么特别的颜色，而是我们身边的颜色。也就是使用的多肉并不是难以获得的杂交种类，而是现在常见的种类。

描绘的主题是——很久以前，在田野间的一次小小冒险。归途小道旁有水田，水田的尽头是山峦。那是一个有池塘的森林，美国大龙虾在池塘里张牙舞爪地挥舞着大钳子。

这种想象或空想，使容器和多肉植物组合在一起，构成了一个令人怀念的温暖庭院，从而进化成了一个多肉的森林。

你们会用多肉来画一幅怎样的画呢？

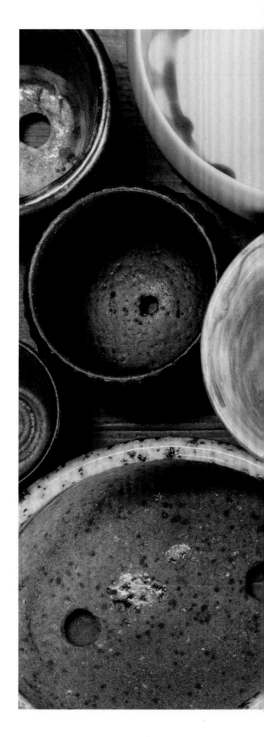

第1章

器中的小宇宙
——用容器来种植多肉植物

宇宙遥远没有尽头。季色觉得多肉的组合就如同宇宙，这是因为多肉植物有着坚强的生命力和独特的姿态，能够不断适应环境，进行自我进化。在小小的容器中，作为素材的多肉一个一个地被纳入其中，在这里可以画出远远超出人们想象的美丽画作。而且这个小世界会随着时间的变化而变化。这里藏着只有时间才能创造出的美。多肉植物的各种组合使小小的容器中生出巨大的景观。想象着它们变化的样子，来试着在容器里种多肉吧。

拥有多肉植物的生活

器中的小宇宙

基本工具

先从进行多肉植物组合时必备的工具说起。

没有特别难买到的东西，都是一些可以在家里找到或者日用杂货店买到的工具。

让我们轻松地开始吧。

01
网

可以将网垫在容器底部，防止泥土从容器底部的小孔中流出。可以购买纱窗网，用剪刀剪出适合容器底部的形状。

02
容器

进行多肉组合种植的花器。因为需要经常排水，所以推荐用底部有孔的容器。如果控水熟练也可以用无孔容器。无孔容器的开孔方法参见第 010 页。

03
剪刀

可以剪出大小不同的网，也可以修剪多肉植物。使用便于做手工的普通剪刀就可以。

04
小镊子

便于将多肉植物的小芽种在泥土的缝隙里。相比于园艺用的镊子，更推荐使用精密作业时用的尖头弯曲的镊子。

05
小木棍

用于紧实容器里的泥土。细长的木棍使用起来非常方便，推荐使用咖啡店里的搅拌棒，又细又长非常好用。

06
钢丝

做成"U"形，用于在土中固定较高的多肉植物。可以使用插花用的 24 号钢丝。不容易生锈，颜色为棕色，跟泥土接近，不显突兀。

07
小铲子

用于容器装土。用咖啡杯等小容器种多肉时，使用小铲子十分便利。

08
土

可以使用杂货店或园艺店中所售的多肉植物专用土。景天科的多肉植物根茎纤细，最好使用细土。

基本制作方法

1. 准备容器

　　准备需要进行合种的容器。在底部有孔的容器里铺上合适的网（无孔容器请参照第016页）。第一次制作多肉组合最好选择小巧一点的，比较精致可爱，而且难度较小。可以选用喜欢的小容器，如咖啡杯，这样完成之后会更加可爱。

网垫的大小要适合容器底的尺寸　　　　　　　　　倒入容器高度 1/3 左右的土

—————————— 容器的开孔方法 ——————————

　　在选用容器时可以直接使用无孔容器，也可以自己开孔。开孔容器透水性强，可以为多肉植物的生长创造良好环境。无孔容器开孔需要准备的工具是电钻，可以先选用较细的钻头，然后根据孔的大小选择较粗的钻头。使用大容器时不妨试试多开几个孔。

　　1.选择较细的钻头，从容器外侧打孔。2.根据情况改用较粗的钻头。3.当容器打孔即将穿透时，把容器翻面，从里向外打孔。4.再从外侧调整，将孔扩大。5.在较大的容器上可以多开几个直径为1cm的孔。但是当容器厚度较薄时，容器易发生破碎，请注意安全，不要强行打孔。

2. 准备多肉植物

将需要合种的多肉植物分株置于平面上。根据多肉植物的种类，其分株方法分为 3 种。季色（TOKIIRO）建议做花束式（第 012 页）种植时，保留根茎上附带的泥土。

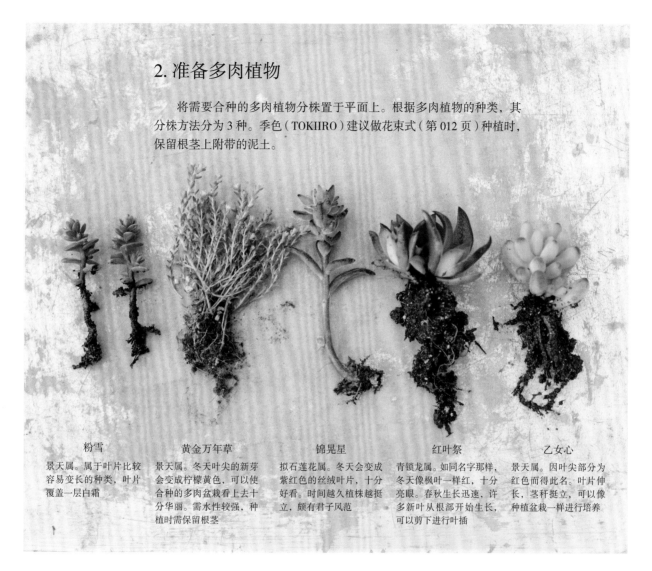

粉雪
景天属。属于叶片比较容易变长的种类，叶片覆盖一层白霜

黄金万年草
景天属。冬天叶尖的新芽会变成柠檬黄色，可以使合种的多肉盆栽看上去十分华丽。需水性较强，种植时需保留根茎

锦晃星
拟石莲花属。冬天会变成紫红色的丝绒叶片，十分好看。时间越久植株越挺立，颇有君子风范

红叶祭
青锁龙属。如同名字那样，冬天像枫叶一样红，十分亮眼。春秋生长迅速，许多新叶从根部开始生长，可以剪下进行叶插

乙女心
景天属。因叶尖部分为红色而得此名。叶片伸长，茎秆挺立，可以像种植盆栽一样进行培养

分株方法

对植株较小、根茎较细的多肉进行分株时，建议使用尖头弯曲的小镊子轻轻从泥土中取出

将体型较大、根茎布满容器的植株与容器分离时，用手托住根茎部分，保留泥土进行分株，分成两份时注意不要伤到根茎

将体型中等的植株与容器分离时，用镊子夹住植株底部，轻轻向上拉，注意不要伤到根部。如果难以将植株与容器分离，请使用左图的方法分株

3. 做成像花束一样的造型

　　基本的种植方法是将想要合种的多肉植物用手做成一个花束一样的整体，再将它们种在容器里。随着时间的流逝，多肉植物会形成一个独特的小世界，我们不妨任由它们自然生长。

在把握整体平衡的同时进行整理	整理完成后将它们放入容器中，观察整体样貌，包括协调感和整体外观的流畅性	再根据整体样貌进行修剪

4. 放土

　　决定好合种植物的整体形状后，单手轻轻覆盖在多肉上，从容器的旁边灌入泥土。这时需注意不要将植株拉出来，要牢牢地固定苗的位置，将泥土紧实地塞进去。这看上去容易，其实是一个需要花费时间的工程。

一边用手轻轻压住幼苗，一边从容器旁边塞入泥土	用小木棍将泥土填入、压实。放土、插土的步骤要反复进行，使苗固定	塞土完成后，仔细观察整体样貌。转动容器观察是否所有地方都塞满土	如果看到有缝隙，可以再用镊子加入幼苗植入，继续调整，直到满意为止

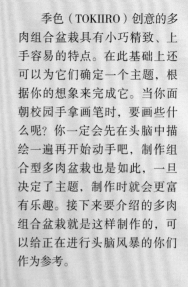

手掌大小的
多肉组合盆栽

　　季色（TOKIIRO）创意的多
肉组合盆栽具有小巧精致、上
手容易的特点。在此基础上还
可以为它们确定一个主题，根
据你的想象来完成它。当你面
朝校园手拿画笔时，要画些什
么呢？你一定会先在头脑中描
绘一遍再开始动手吧，制作组
合型多肉盆栽也是如此，一旦
决定了主题，制作时就会更富
有乐趣。接下来要介绍的多肉
组合盆栽就是这样制作的，可
以给正在进行头脑风暴的你们
作为参考。

盆栽 01

天空上面的世界

比天空更高的地方……上面会有一个怎样的世界呢?

一定,是一个还未被人知晓的美妙世界。

我看着天蓝色的杯子,就愈发想知道上面的世界到底是什么样的。

因此选择的多肉植物,也是以不断向上生长为主题。

- 使用植物

乙女心(景天属)

银明色(带花芽、拟石莲花属)

若绿(青锁龙属) 福兔耳(伽蓝菜属)

红叶祭(青锁龙属) 粉雪(景天属)

姬胧月(风车草属) 白牡丹(拟石莲花属)

- 培育方法

我把多肉植物种在了喜欢的咖啡杯和迷你水壶里面,它们底部都没有开孔。使用底部无孔的容器时,一定要控制浇水量,浇水方法请参见第 025 页。

1. 准备容器

可以在容器底部铺一层日向石，使容器底部保留空隙，这保证了根部的透气性，能有效防止根部腐烂，有利于根茎生长。根据容器的大小，铺入泥土至距离容器上方5cm处，盖住日向石。

2. 准备多肉植物

准备好需要使用的多肉植物。素材越多，想象的空间越大，可以多进行尝试。

01.乙女心（景天属）；02.姬胧月（风车草属）；03.若绿（青锁龙属）；04.黄金万年草（景天属）；05.柳叶莲华（景天石莲花属）；06.红叶祭（青锁龙属）；07.露娜莲（拟石莲花属）；08.黛比（风车草属）；09.粉雪（景天属）；10.银明色（拟石莲花属）；11.锦晃星（拟石莲花属）；12.福兔耳（伽蓝菜属）

3. 中心多肉植物

　　根据你的主题，来种植主要的多肉植物。这次的主题是"天空上的世界"，所以选用会向上伸展的多肉植物。乙女心等喜欢向上生长的多肉植物由于自身有一定重量，难以维持平衡，为了保证它的稳定性，首先要固定好泥土。

  ▶

确定好中心植物的位置，放土固定　　　将细铁丝弯成"U"形，做成"U"形夹　　　用"U"形夹夹住植物根茎，固定在泥土中。左、右各夹一个可以保证其稳定

4. 环绕中心多肉植物，像做花束那样种上多肉

　　将要种的多肉用手做成花束的样子，放入容器中。土用木棍压紧实，方法见第012页。一边观察整体盆栽的平衡，一边围绕中心植物来制作。

向上生长的多肉植物

若绿

青锁龙属。一边抽芽一边向上生长。常年可以保持绿色，所以在组合多肉时易搭配颜色

福兔耳

伽蓝菜属。叶毛白色，一年中几乎没有颜色变化，所以当你需要白色时选它最适合不过了。属于比较坚强，容易培养的多肉植物

银明色

拟石莲花属。拟石莲花的花芽可以生长得很长，在尖端一般有花，可以长时间开放。在进行多肉组合培养时可以考虑活用它的高度优势

在组合多肉中，向上生长的多肉植物有的看上去像屹立在草原上的大树，有的像神秘的丛林。组合要点在于云、雷、海和动物等的动态要如何表现。拟石莲花属的生长需要一定的时间，而青锁龙属却能早早地抽芽。即使是景天属，也有像乙女心这样向上挺立、有趣动态的植物。

锦晃星

拟石莲花属。茎像树木的躯干一样挺立。需要花一点时间培养才能长高

筒叶菊

青锁龙属。一边落下面的叶子，一边生长上面的叶子，可以生长得较高

乙女心

景天属。像盆栽一样茎秆挺立的植株，毫无疑问可以占据中心位置。可以考虑活用它自由生长的特点

群生的多肉植物

黄色千佛手
（景天属）

覆轮丸叶万年草
（景天属）

黄金万年草
（景天属）

矶松之锦
（青锁龙属）

森村万年草
（景天属）

紫雾
（青锁龙属）

在景天属多肉植物中，万年草叶片小巧、茎秆挺立，可以长出很多侧芽，生长迅速。在青锁龙属多肉植物中，也有这样极易群生的多肉植物，可以当做组合多肉的素材来使用。用这些不同颜色的多肉植物可以表现出渐变的层次感。

爱染锦
（景天属）

黄金丸叶万年草
（景天属）

矶小松
（景天属）

绿色千佛手
（景天属）

覆轮万年草
（景天属）

姬玉叶
（景天属）

- **使用植物**

红叶祭（青锁龙属）
虹之玉（景天属）
黄金万年草（景天属）

- **种植方法**

多肉植物叶片变红，在微风的轻拂中亭亭玉立。为了描绘出这样的景色，先用轻松的心情来选择合适的容器吧。

- **培育方法**

多肉植物通过日照时间和夜间气温的变化来感受季节。要让它们自然感受这一变化，接触室外的空气是很有必要的。

盆栽 02

红色丽影的"城镇"

"城镇"换了一身红装，
迎接即将到来的季节，
这是深冬太阳的颜色。
在这冬季我对春天没有期待，
因为冬天足够使我享受快乐。
这样构想着，我试着完成了这座"城镇"。
等到夏天来临时，
"城镇"又将换上一身绿装。

盆栽 03

继承生命之物

多肉植物的生命力十分顽强，
从凋败的叶中生出根，
从枯萎的茎中长出芽……
我从多肉植物中学到了生命的坚韧。

- 使用植物

　舞会红裙（拟石莲花属）

　绒针（青锁龙属）

　乙女心（景天属）

　虹之玉（景天属）

　白霜（景天属）

　森村万年草（景天属）

　佛珠（千里光属）

- 种植方法

　首先种植作为中心植物的舞会红裙。接下来种植会随时间变化而变化的植物。注意调整整体的平衡性，逐渐向上方和下方扩展开来。

- 培育方法

　景天属多肉植物叶片小，水分需求高。因为容易缺水，所以每天都需要观察叶子的状态进行浇水。养好多肉植物的秘诀就是要多关心多肉植物。

不可测量的生命力

即使是一片早已凋零的小小落叶里也寄宿着生命，这就是多肉植物强大的生命力。

请试着把落叶静置在干燥的泥土上，过2～3个月，它竟然又可以从根部长出新芽。这也是多肉植物的魅力之一。

上图：落叶从根部长出新芽的状态。可以把它重新种回土中

下图：长出新芽时，下面的老叶早已枯萎凋敝。这是必然的结果，新芽生长所需的水分从老叶中汲取，这样就完成了叶子的世代交替

使落叶长出新芽的方法

在合种多肉植物时，有叶子掉落的情况很正常，不用担心，可以像图中这样放在土上，它还可以长出新生命

静置在干燥的土壤上

如拟石莲花属多肉植物，叶片较厚，只需静置在干燥土壤上，既不需要插进土里，也不需要给水，2~3个月后就能长出新根

叶子也会因为压力太大而受伤

植物也能感受到各种压力，如太热、太冷、二氧化碳不足、湿度高等。因此需要多留心多肉植物放置的环境变化

将幼叶插土

景天属乙女心（左图）与青锁龙属若绿（右图）等多肉植物的叶片插在土里可以长出新苗。"属"不同，种植的方法也不同，要牢记这一点

合种多肉植物的浇水方法

当你做好了一个组合多肉盆栽时，请不要立刻给它浇水。多肉植物是容易感受到压力的植物，为了使它们适应新容器、新环境，1周内不需要浇水，并将它们放在可以受到日光照射的户外。种植1周后，可以补给充足的水分。然后再过1周，触摸土壤，观察土的状态，如果土还很湿润，就证明现在放置的场所并不适合它们生长，可以将它们转移到更有利于进行光合作用的地方（日照充足的地方）；如果泥土呈干燥状态，再过1周可重新进行给水。如果水不小心弄到多肉叶片上也没有大碍。根据植株的不同，叶片底部积水可能会导致其腐烂，或使叶子呼吸困难，所以推荐一边轻轻翻土一边浇水；如果容器底部有孔，可以多浇水。如果容器底部无孔，就需要控制给水量。根据容器的大小，可以适当浇1/3左右的水

浇水日程表

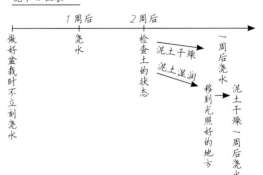

盆栽 04

新星诞生

澄清的大地上，有一颗刚诞生的星星，
在这充满雾气的、波动着的世界里——
这颗新生的星星，寄宿着新的生命。
于是，闪闪发光的雪白福兔耳，
初现生命的光芒。

- 使用植物

福兔耳（伽蓝菜属）
红叶祭（青锁龙属）
火祭（青锁龙属）

- 种植方法

　　白色的植物在世界上并不常
见。而福兔耳的叶毛雪白，在阳
光照射下闪闪发光，令人顿生
神圣之感。新生命的诞生意味着
接下来还会有源源不断的生命诞
生，就由火红的红叶祭和火祭来
体现这种感觉。

- 培育方法

　　这是比较容易培育的组合。
要注意的是，一旦光与水的平衡
受到破坏，福兔耳纯白的颜色也
会随之改变，所以要多留心观察。

盆栽 05

守护神的景色

红红的唐印即使被剪掉一块，
也会重新长出新芽，
它依然坚定地生长变大。
像某种象征一般，
头顶巨大的叶片，
温柔地守护着这方景色。

- 使用植物

唐印（伽蓝菜属）
覆轮丸叶万年草（景天属）
若绿（青锁龙属）

- 种植方法

　　唐印种在容器的中心位置。为了强调下方小小的叶子也继承着生命之感，需要在四周种上四季常青的多肉植物。

- 培育方法

　　覆轮丸叶万年草对高温和湿度敏感，因此要留心酷暑。需要将它放在通风的地方，必要时可以利用风扇为它通风。

在苍荒大地上

黑色的苍荒大地上，
也有多肉植物的生命在延续。
枝换上"树根"的名字，
生长着，告诉土
总有一天它会成长为真正的根。
植物在探索着，获得了
一点点营养就能生存的方法。

- **使用植物**

夕映爱（莲花掌属）

姬玉叶（景天属）

- **种植方法**

夕映爱是根系发达的植物，可以与喜欢群生的多肉植物一起种植。木根看上去像天与地的连接，仔细一看，原来是个小小盆栽。

- **培育方法**

夕映爱惧怕高温多湿的环境，夏季尽可能放在通风良好的地方，使其多沐浴阳光，就能培育出像盆栽这样小型的精致的状态。

神秘森林

前往山中的森林，
一直一直往更深处行走。
未曾有人踏足过此地，
灰暗森林在静悄悄地蔓延。
往上，是欲刺破黑暗的点点星光；
往下，是低垂着的叹息。
这里就如同多肉植物的乐园，
自然本来的样子就在这里。

- **使用植物**

  若绿（青锁龙属）
  白花小铧（景天属）
  美空铧（千里光属）
  黄金万年草（景天属）

- **种植方法**

  为了表现出森林的感觉，要在容器里
  种上满满的多肉植物。若绿笔直地矗立
  着，黄金万年草自然下垂。需要注意的是，
  应让多肉植物保持自然的生长状态。

- **培育方法**

  千里光属的美空铧对水的需求量很
  大，缺水生命力就会衰弱。考虑到整体的
  平衡，只需给这一部分多浇水就可以了。

美丽绽放的多肉植物

紫珍珠

拟石莲花属。是拟石莲花属中最受欢迎的品种。紫色的叶片很美，春天会开出小小的花。覆盖着一层白霜

花月夜

拟石莲花属。绿色的叶片周围有一层红边。春天会开黄色的花

蒂亚

景天石莲花属。颜色翠绿，当变成红色时颜色火红

桃太郎

拟石莲花属。叶子上有瘤，顶端有小尖，小尖周围是红色

在看到多肉植物组合盆栽时，人们第一眼被吸引到的就是这些种类。它们主要是景天科拟石莲花属的多肉植物。莲花状的叶片绽放十分美丽，有很多人被这种美丽、优雅所吸引。因此，爱好者们也开发出了许多杂交品种和珍稀品种。这里向大家介绍的是季色（TOKIIRO）常用的一般品种。图片上排是多肉成熟状态，下排是多肉幼苗状态。只需把它们静置在这儿，就能长出成熟美丽的多肉植物。请愉快地欣赏并享受它们的生长与美丽吧！

白牡丹

拟石莲花属。白色的叶片很厚，重叠交织在一起，叶片顶端有点红色，看上去有点像白绿色玫瑰

七福神

拟石莲花属。叶片较圆，顶端有红色小尖。像玫瑰花一样几朵重叠在一起，光照越充足，叶片越鲜绿

皮氏石莲花

拟石莲花属。整体有白霜覆盖，顶端有红色小尖，是一种富有高级感的植物

粉蓝

拟石莲花属。叶片通常为蓝绿色，带一点点红。覆有白霜，配色温柔带有透明感

宝草

十二卷属。叶的先
端有一点点尖，三
角形叶片呈莲花状
盛开

玉虫

十二卷属。小巧圆润，
叶中富含水分，看上
去水灵灵的

多肉图鉴 │ 4

一个品种百种姿态

水滴石

十二卷属。绿色的叶
片上可以清晰地看到
白色叶脉，胖嘟嘟的
圆叶片十分惹人喜爱

草玉露

十二卷属。叶片较大呈扁平状。从植
株的旁边生出小芽，春天会开出淡
粉色的小花。需放在通风较好的地方
培养

冰灯玉露

十二卷属。像花瓣一
样，肥嘟嘟的叶片呈
莲花状盛开。喜欢干
燥的环境，浇水要控
制水量

水晶掌

十二卷属。红叶状态下呈深紫色。光照不足容易造成徒长（茎秆纤细，叶片间隙变大），所以请注意保持充足光照

雪花玉露

十二卷属。杂交种。叶片较厚，呈三角形状，半透明的叶片交相重叠，十分可爱。最好放在阴天的屋外，不要淋雨

生长在光少、灰暗的岩石、大树底下，收集着仅有的一点点阳光进化成了叶尖透明的模样，这就是百合科十二卷属的多肉植物。它们的样子非常具有神秘感，受到阳光照射时，便能清晰地看见叶脉，透明感十足。这个看上去透明的部分叫做"窗"，"窗"的大小样貌依据品种的不同而变化，"窗"越大越受欢迎。每次看见这种多肉植物，就能从中感受到它努力生长的顽强生命力。

白水晶

十二卷属。因覆盖一层白霜看上去很白，叶脉部分透明可见，细长的叶片向上生长，会开出白色的花

萌

十二卷属。先端有尖，叶片肥厚，呈黄绿色

生命力与进化的顽强

初见这个容器时,我就想种点什么!
这是一个瞬间产生的想法。
可是无论种什么多肉,
都配不上这个容器的强韧,
所以一直没有种多肉进去,
直到我看见了帝玉露的那一天。
绿与白、植物与容器正好保持了平
衡, 一拍即合。

- 使用植物

  帝玉露(十二卷属)

- 种植方法

  只种一株植物时,容器的准
  备与填土的方式参见第 010 页。

- 培育方法

  十二卷属因尽可能收集到了
  阳光而得到进化。虽说进化出了
  "窗",但持续黑暗的话就无法进
  行光合作用。当光线不是那么强
  烈时,需保持一定的光照。需要
  注意的是,强光会造成叶片灼伤。

盆栽 09

愉快地欣赏影子

选择玻璃容器种多肉植物，
是想看看太阳下它的影子。
多肉的影子与容器的影子重叠在一起，
十分惹人喜爱。

- 使用植物

01 七福神（拟石莲花属）
02 月美人（风车草属）
　 虹之玉（景天属）
　 龙血景天（景天属）
03 乙女心（景天属）
　 矶小松（景天属）

04 龙血景天（景天属）
　 虹之玉景（景天属）
05 雪花玉露（十二卷属）
06 白牡丹（拟石莲花属）

- 培育方法

　　将多肉放置于白砂
上，在根长出来之前不
要浇水，根长出之后才
能浇水。

盆栽 10

粉色的温柔

像被包围那样，
在圆圆的花盆里种下。
自由地想象，
中心生长的地方。

- 使用植物

　紫珍珠（拟石莲花属）

- 种植方法

　　可以使用白色化
妆砂。这是一种来自
冲绳的白砂，不含盐
分，铺满在土地表面。
白砂与粉色多肉植物
的颜色十分相配。

- 培育方法

　　紫珍珠叶片中富
含水分与糖分，因此
不怎么需要浇水。注
意保持充足光照。

盆栽 11

月夜的宝石

纯黑容器中找到的宝石，
安静地释放着蓝色光芒。

- 使用植物

　粉蓝（拟石莲花属）

- 种植方法

　　种植方法与紫
珍珠一样。在容器
里放土种入粉蓝后，
在土的表面铺上一
层白色化妆砂。

- 培育方法

　　放置在通风良好、
光照充足的地方。因为
粉蓝比较耐寒，所以在
冬季可以放在温度 3℃左
右的室外。可以按泥土
的湿度来判断浇水的量。

蹦蹦跳跳的兔子小姐

在一片堆积的白雪中，
天空悬挂着满月。
无论是多安静的时候，
都留下了慌慌张张的兔子脚印。
兔子们到底在玩什么游戏呢？

- 使用植物

　　福兔耳（伽蓝菜属）

- 种植方法

　　可以在白色容器中放
上一层白色化妆砂，然后再
种上白色的福兔耳。"福兔
耳"像其名字一样，看上去
像兔子的耳朵。我们可以从
玩耍的白兔上收获福气。

- 培育方法

　　福兔耳的叶子沾上太
多水的话，白毛就会消失。
因此在浇水的时候，注意应
把水浇到泥土上。

多肉植物的花

虽然个体有所差别，
但多肉植物是会开花的。
但悲伤的是，与其他植物不同，
它们在鸟虫少有的地方生长，
即使想要把子孙传播到很远的地方，
也没有小鸟可以帮忙实现这一愿望。
因此，无论是谁，
只要看一眼，
就能被它的外表吸引。
花也进化成了可以长期开放的状态，
这是为了延续生命而进行的进化斗争。

夜晚，当你在明亮的室内时，
却迟迟等不到花开。
不如放到黑暗的室外吧！
昼与夜，光与暗交替，
对多肉植物而言都是必要的条件。

盆栽 13

记忆

当你回味遥远的记忆时，
回忆就变得简简单单。
想象不到正确的形状，
只留下了粗糙的剪影。
颜色也是如此，
只剩下单调的世界观。

- 使用植物

雪锦星（拟石莲花属）
若绿（青锁龙属）
白牡丹（拟石莲花属）
春萌（景天属）

- 种植方法

种在中心位置的雪锦星覆
有一层白毛，让颜色有种朦胧
的感觉。白牡丹颜色是白白的，
若绿一年四季常绿，春萌会开
白色的花。

- 培育方法

种植时需要留一点间隙，
不能太密集。需要保持充足的
光线与水分，十分容易培育。

静心倾听多肉植物的声音

为什么是这样的外形呢？
为什么是这样的颜色呢？
用多肉一样的视线，偶尔窥探它们的内心，
倾听它们的声音。
在时间的长河中缓慢进化的多肉植物，
会告诉你那些历史的答案。

- 使用植物

  白牡丹（拟石莲花属）
  多明戈（拟石莲花属）
  锦乙女（青锁龙属）
  艳姿（莲花掌属）

- 种植方法

  左图的"记忆"是一种印象稀薄的感觉，与此相对，右图则突出了"森"的印象。将多肉植物密集地种植在一起，有一种野生的意境在里面。

- 培育方法

  多肉植物的生长本身具有野性，所以不需要太多的关照，只需要每天看一看它，不要忘记照顾它就好。

第2章

用多肉植物来装饰墙壁
——制作花环和挂饰

季色的原点是用多肉植物制作花环。第一次成功做出花环时，他们便决定将多肉种植作为自己一生的事业。简而言之，没有这次尝试，大概就没有今天的季色。希望大家也能尝试做一下对他们而言十分有意义的花环。季色提倡的理念是"有生命的花环"，可以从中感受到季节的变迁。随着时间的变化，颜色从绿到红，从红到绿。因为它是有生命的，所以这是它的独特之处，可以使人愉悦地欣赏它一年的变幻。

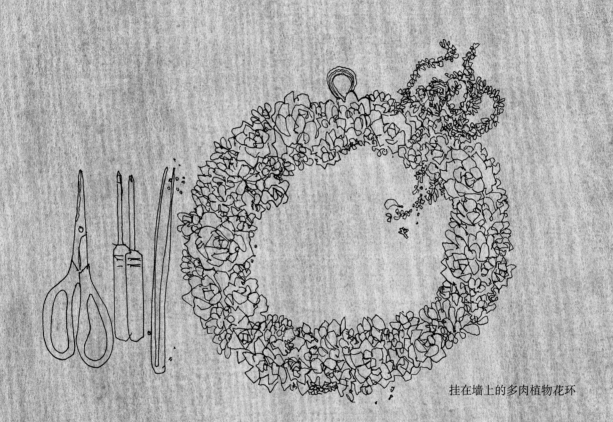

挂在墙上的多肉植物花环

多肉图鉴 | 5

适合做花环的多肉植物

　　花环经常会被挂在墙上，最重要的一点就是挂着不会掉下来。因此需要选择茎粗强壮的多肉植物。一边检查茎的状态，一边提前想好要做怎样的造型。光是把多肉植物排列起来的造型就已经很可爱了吧。即使是同一品种的多肉植物，它们也拥有不同的表情与个性。你可以边做边尝试着跟它们对话，"选这个小朋友怎么样呢"，这样会更有感情与乐趣。

适合做花环的多肉植物

| 白牡丹 | 柳叶莲华 | 虹之玉 | 乙女心 |

拟石莲花属。是比较肉厚的多肉植物。看上去有一点点发白，顶端是粉红色。喜光，注意保持充足光照，光照不充足的情况下植株看上去不饱满、没精神，有损它的美貌

景天石莲属。细长圆润，叶片顶端带点粉红色。不耐热，盛夏时节需注意养护，最好移到清凉的地方。可以选择与大小合适的其他多肉植物一起合种

景天属。有光泽感，圆圆的叶子很可爱。会随着季节的变化而变色，可以欣赏到渐变色。容易顺着光的方向生长，因此需要均匀地受到光照

景天属。只有叶片顶端有红色和粉色。茎受伤的话，植株会立刻衰弱，因此在摘除下面叶子时注意不要弄伤茎

装饰墙壁的多肉植物（一） 花环

花环除了有"花之轮"的意思外，你知道它还有"永远、不灭"的含义吗？
带着这种含义去看，环形似乎没有终点。
想到它里面寄宿着永远相连的幸福，我尝试着用多肉植物来做一个花环。
它能随着季节变绿、变红，可以从中感受到永远相连的四季。

制作花环的基本工具

多肉植物在花环台上可以一直存活。为保证多肉植物的存活，需要在花环台里放入土壤，使多肉植物能在花环台里扎根。1 个月左右多肉就可以长出根。

01 起子（粗、中、细）

在花环台上种多肉植物时，需要先用起子在上面打洞。准备 3 种粗细不同的起子是为了贴合植物茎的粗细。在花环台里放土将其固定时，如果有坚硬的金属棒也可以代替起子使用。

02 水苔

花环需要用植物来固定，为了防止花环台的土壤过多漏出，需要在花环台的表面铺上一层水苔。水苔可以从杂货店购入。

03 剪刀

可以用来剪花环台上多肉植物的下叶。剪去多余的下叶更方便种植。

04 钳子

在制作花环台处理铁丝网时或者用细铁丝做挂钩时需要用到钳子。

05 细铁丝

用来做挂墙上的挂钩。可以准备 1 根 24 号的铁丝。

06 镊子

在花环台上铺水苔时会用到镊子。推荐使用先端弯曲的镊子，做细工活时比较轻松。

07 花环台

花环台的制作方法请参见本书第 050~052 页。为了使多肉植物健康成长，对容器或花环台而言土都是十分重要的元素。土可以培育强健的根，能够保证植株充分吸收营养和水分。

01

02

03

04

05

06

07

花环的制作方法

1. 制作花环台

如前所述，花环台中需放入土。如果花环台挂在墙上摇摇晃晃，土洒出来就白费了。因此为了使土不洒出来，就需要用水苔和铁丝网牢固花环台表面。这是做好一个漂亮的花环台的基本条件。

材料·工具

（花环台直径 12cm，1 台份）

01 钳子
02 剪刀
03 细铁丝（24 号）8 根（5cm）
04 桶铲
05 土
06 托盘 2 个（边长 34cm 以上）
07 水苔
08 铁丝网（34cm×10cm）
09 木棍（直径 2cm，长 35~40cm）

- 制作水苔板

在托盘中铺满水苔

将另一个托盘盖在上面压紧实

用重物压在上面，放置一晚

水苔板制作完成

制作花环台的外侧（水苔网）

把铁丝网的长边向上弯曲折起

套在水苔板上，调整铁丝网的大小

将立起的铁丝网压下去，固定好水苔板

做成上图这个形状

做成棒状

用水苔板把木棍卷起来

将木棍抽出，确认是否有洞。如果有洞，在洞口处补上水苔

塞入泥土

用手压实泥土

在两端分别补上一层水苔，确保泥土不会漏出

用水苔网的水苔覆盖在泥土上方

水苔需盖满整体，达到看不见土的状态

用钳子把铁丝网的边插进花环台，达到固定的目的

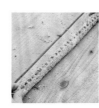

处理好的铁丝网

在可以看见土的地方补上水苔

在铁丝网重合处插入铁丝，使其固定在一起。每5cm插1根铁丝，共插5~6根

把多余的铁丝剪短，隐藏到花环台里

用铁丝网包住棒状的一端，封口

另一端用钳子扯开一点

将棒状的网弯成圆形，两端连在一起

连接处用 2 根铁丝贯穿，使其固定

制作挂钩

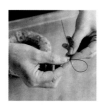  

把细铁丝的一端卷成圆形

另一端卷在花环台上

剪掉多余的铁丝

花环台制作完成，可以在上面种多肉啦

2. 准备多肉植物

　　花环台需要使用的多肉植物已经在第044~047页中介绍过了。为了让多肉植物更加方便地种在花环台上，需要把多肉的叶修成球形，也要修剪好茎。剪下来的多余叶片可以静置在泥土上（参见第025页），一个月左右便会长出根和芽，它还可以继续生长，所以不用担心。

弄掉多余的土，剪掉根　　　　　　为了使叶的部分形成一个圆，需要剪掉多余的叶　　　　　将茎保留至 2~3cm

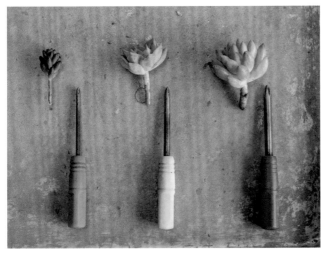

左图：茎的长度不要超过花环台的厚度。这次使用的花环台厚度为 3cm 左右，因此茎的长度保留2~3cm 最为恰当。根据茎的粗细，准备 3 种粗细不同的起子

右图：准备好网，将整理好的多肉植物排列在一起，方便挑选。此外还能减轻植物的压力

3. 在花环台上种植多肉植物

简单来说，就是在花环台上打孔将多肉植物放进去，然后将其固定。但是，如何固定多肉植物是一个难题。可以使用起子的侧面，在多肉植物茎的周边塞入土和水苔，用力压紧实。不要着急，慢慢来。

- 种植多肉植物

用起子打孔。因为花环台里塞满了土，所以需要用力　　　在孔中塞入多肉植物

  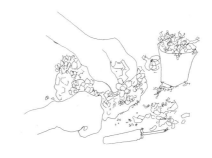

如果多肉植物的茎过长就需要用剪刀剪去一部分，直到与花环台相匹配　　　达到如图所示的状态就可以了

- 固定多肉植物

在铁丝网旁边的洞中插入起子，用起子的侧面在种好的多肉旁边压实泥土和水苔。全方位把土塞紧实，固定好茎　　　固定好的多肉植物　　　茎旁边的洞里填入水苔，直到看不见土　　　需要加的水苔的量会比想象中多。虽然看起来很多了，但压缩一下就变小了，所以放心大胆地塞吧

用三点构成主要多肉植物

可以用 3 株主要的多肉植物来维持整体平衡，再在间隙里种上其他多肉植物，这样就能漂亮地完成花环台。种植方法如左图。用与多肉植物的茎粗细相符的起子开洞，再把多肉植物种进去，不留间隙。为了使茎固定而开的洞先铺水苔再种多肉植物。一颗一颗小心地种，这是做一个好看的花环台的秘诀。此外，如果在花环台上可以看到水苔，就破坏了好不容易打造的氛围，所以需要特别注意，多种多肉植物，直到看不见水苔。

4. 用水苔填背面的坑

水苔填坑的方法参见第 054 页。为了使泥土不松动掉出来，要在可以看见土的地方小心地铺上水苔。

认真检查花环台的背面

横着看的样子

花环台浇水的方法

花环台和容器一样，在刚完成时，多肉植物会因为不适应新环境而感到压力。这时浇水，多肉植物大都没有精神，所以需要格外小心，等 3 周后观察多肉植物状态再浇水。浇水方法：把花环台放入盆中，用淋浴头从上面浇水。等花环台全部被水浇湿后，静置 15min 再取出。根据植物的状态进行下一次浇水，一般等 2 周比较合适。每天观察多肉，感到它们在说"我想喝水"时，马上补水。如果你每天都观察多肉，留心它的生长状态，不知不觉中就能明白它的心情。

用淋浴头浇水

盆中有一定积水后静置 15min

花环 01

季之色

季色的原点，花环完成。
红色多肉，红叶姿态。
春天太阳光变暖时，红色会变成绿色。
秋天，气温稍稍变冷，阳光变弱时，
又一次会变回红色。
虽说如此，与一年前相比，
它的表情也一定不一样，
因为它是真实活着的。

花环 02

一直很安静

简简单单的颜色，白与绿交织的花环，
在安静的空气里默默不语。
时间不会改变它，
它永远都在这里。

- 使用植物

　　选择多肉植物时，可以适当地减少红
叶品种。鲜艳的红色多肉有可爱活泼的感
觉，对此稍加克制，可以表现出成熟的一面。
可以选择不会随季节变化而变化的多肉品
种，这样就突出了主题的特征。

- 培育方法

　　浇水方法请参见第 056 页。

被叫作"空气凤梨"的松罗凤梨是铁兰属的一个品种，
可以只用它来做花环。
它对温度和湿度的适应能力都很强，
只要是有光的地方就能生存，
是十分顽强的多肉植物。

花环 03

世界最强，永远的绿

- 使用植物

松罗凤梨（凤梨科铁兰属）
小精灵（凤梨科铁兰属）

- 种植方法

花环台是用常见的干枝做成的。配合直径 0.3mm 的铁丝，在花环台上使用大量丝状的松罗凤梨进行整体搭配。制作方法请参考第 063 页"装饰空气凤梨"的操作。

- 培育方法

可以考虑放在光照充足的浴室培育，当然也可以放在室内。原本松罗凤梨是一种大树的枝进化而来的植物，只要有充足的水分与风就能长得很好。

如果只为多肉植物设计一个亮点，
那么要怎样才能最大程度地活用它呢？
当这样想时，这个造型就出现了，
这看上去难道不像一个胸针吗？

花环 04

胸针

- 使用植物

秋丽（风车草属与景天属的杂交种）　雪绒（青锁龙属）

爱染锦（莲花掌属）　　　　　　　　虹之玉（景天属）

佛珠（千里光属）　　　　　　　　　姬胧月（风车草属）

逆弁庆草（景天属）　　　　　　　　松罗凤梨（凤梨科铁兰属）

- 培育方法

　　花环台一般用常见的干枝做，为了让多肉植物存活，需要在花环台里放土。详细做法请参考第 062~063 页。小小的空间能种下许多多肉植物。

空气凤梨花环

花环合种

我信尝试了用空气凤梨做花环。第 060 页是只用空气凤梨做成的花环，第 061 页则用到了空气凤梨与其他多肉植物。此外，空气凤梨的正式名称是松罗凤梨，它也被叫做"老人须"，无土也能存活，因此花环台里不需要加土。所以，在市面上的花环常用它作装饰。但是在种其他多肉植物的地方需要放土。

1. 制作空气凤梨花环台

需要种植空气凤梨的部分用常见的干枝花环台就行，其他多肉种植台的制作请参考第 050~052 页。把它们组合在一起就大功告成了。

种植多肉植物的部分

将水苔板切割成符合网的尺寸，卷起来塞土，操作同之前一样。与干枝花环台合体时需要用粗一点的铁丝固定。

材料·工具

01 修花剪刀

02 剪刀

03 建筑用铁丝

04 直径 0.3mm 的铁丝

05 24 号铁丝

06 多肉植物台

07 松罗凤梨（凤梨科铁兰属）

08 干枝花环台

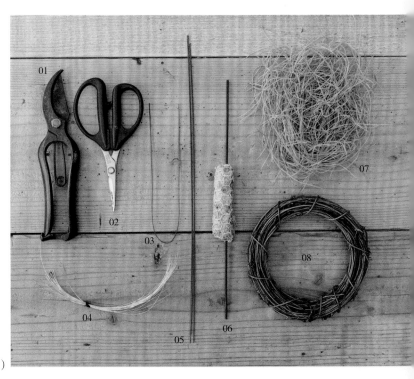

确认好在干枝花环台上种植多肉部分水苔的大小

在干枝花环台上种植多肉部分的左边和右边分别缠上一圈铁丝

用修花剪刀剪断中间部分

在剪开的地方套入种多肉的水苔

在干枝花环台与水苔连接部分用铁丝固定。铁丝两根，由外侧穿到内侧，牢牢固定

2. 装饰空气凤梨

花环台完成后，用空气凤梨装饰干枝花环台。可以尝试用多种铁丝固定空气凤梨，选择最不显眼的铁丝来固定，这样就可以做出一个漂亮的花环了。

在干枝花环台上装饰大量的空气凤梨，达到看不到干枝部分的效果

可以选用 0.3mm 的铁丝固定，根据情况可以灵活使用 8 根左右的铁丝固定

装饰墙壁的多肉植物② 挂饰

在法语中挂饰被叫作"Tableau"（塔普罗）。
季色用多肉植物制作了门牌和信息板，
只要稍加一点绿色，
就会产生立体感，而且很时尚，
对于看到的人来说也是一种享受。
虽然很小，但效果很棒。

制作挂饰的基本工具

需要用到的工具基本与花环台制作工具相同，不同的是使用的是挂饰台。挂饰台的形状可以根据自己的喜好选择四边形或圆形，可以自己开动脑筋尝试一下。此次使用到的是长方形的挂饰台，可以在长方形板的一边种多肉，空出来的部分用来写信息。

01
—
水苔

用于种植多肉植物，使用方法跟花环台一样，目的是保证土不会洒出来。

02
—
挂饰台

在选好的板上开一个孔，选择喜欢的涂料刷漆。如图所示挂饰台的尺寸是8cm×20cm，开孔的直径是2.5cm。

03
—
铁丝网

选用制作花环台时的同款铁丝网就可以。

04
—
镊子

用于种植多肉植物或补充水苔。

05
—
棍子

用于将铁丝网卷成圆柱形或压实水苔。

06
—
剪刀

用于调整铁丝网的大小。

07
—
钳子

用于卷起铁丝网。

挂饰的制作方法

1. 制作挂饰台

　　挂饰台的制作跟花环台制作一样，参考花环台的制作要领，制作水苔网然后卷成球，再把球塞进挂饰台的洞中，种上多肉植物。

铁丝网套在棍子上卷起来　　　　　　　　　　长度约为 5cm，剪掉多余部分

打开铁丝网放入水苔　　　　　　　　　　　套到棍子上，用棍子把水苔压紧

拔出棍子后的样子　　　　放土　　　　　再用棍子把土压紧

改造旧挂表后制作的"塔普罗"，表盘中放入土

木板正中挖一个大洞，做一个种植多肉植物的画框

用水苔盖住土，直到看不见土为止

用钳子把铁丝网的一边盖在水苔上，卷成丸子状

做成丸子的样子

把丸子塞进挂饰台里

从背面塞进去，背面要整理平整，方便挂墙上。要塞紧实避免发生丸子掉落的情况

因为要在台上写信息或名字，所以要空出一块地方。如果不需要写信息，就可以把种植多肉的地方扩大一点，如做成一个多肉植物的框（上图）

2. 准备多肉植物

将需要使用的多肉植物摆在托盘里。使用的多肉植物与第44页适合做花环的多肉植物相同，这里加了"垂吊型多肉"，看上去会更加有趣（参照第072页）。

01 千佛手（景天属）　02 白牡丹（拟石莲花属）
03 逆弁庆草（景天属）　04 红稚莲（拟石莲花属）
05 龙血锦（景天属）　06 月王子（景天属）
07 虹之玉（景天属）　08 乙女心（景天属）
09 秋丽（风车草属）　10 爱染锦（景天属）
11 佛珠（千里光属）

3. 在丸子上种植多肉植物

在丸子上种植多肉的方法基本与在花环台上种植相同，只是这次用到了垂吊型多肉，就先从这个开始种吧。

▶

此次使用到的垂吊型多肉植物是佛珠，选择长度适当的佛珠，观察一下整体的平衡

用镊子在丸子上开小孔，把佛珠的根插进去。由于佛珠茎比较纤弱，需用镊子小心地种进去

▶

可以在丸子周围缠绕一圈佛珠，用迷你U形针固定。U形针最好选择比挂饰台厚度小一点的，可以在丸子上固定两处

其他的多肉和种花环台时一样，先从大一点的植物开始种，再种小的，直到看不见丸子

挂饰 01

飞出来的画

与花环不同，它摆脱了框架的束缚，
自由地生长，
——这也是挂饰的有趣之处。
挂饰是挂在墙壁上的装饰物。
一直安静地悬挂着，
它们各自展颜追逐阳光。
虹之玉的反应灵敏、速度快，能很快捕捉到阳光。
其他的多肉植物喜欢向上就往上爬，
喜欢垂着的就往下走。
在这小小的空间里有着自然的规律，
这是原始的自然力量。

第3章

浮在空中的愿望
——种在挂器上的多肉植物

多肉从容器中伸出枝叶，浮在空中，挂器使这得以实现。这看上去像不像在宇宙中旅行的绿色飞船呢？飞船承载的是飞翔的愿望，是想看更宽更广视野的希望。承载着这种愿望，多肉植物的飞船又会驶向何方呢？看着它的样子，大概就能知道彼岸天空的模样吧。就用这种心情来种多肉植物吧！

拥有多肉植物的生活

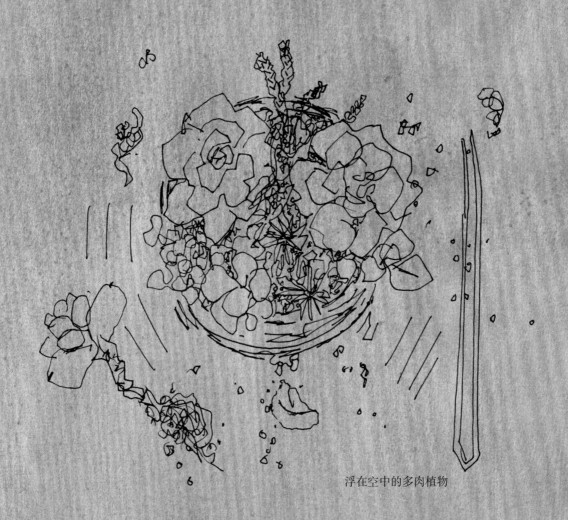

浮在空中的多肉植物

上：普瑞诺莎

下：粉雪

普瑞诺莎是青锁龙属，
其特征是叶片呈十字状。
粉雪是景天属，叶片呈
放射状延伸，会开白色
花朵

锦乙女

青锁龙属。随着时间会
向下生长，名字有"大
小姐"的意思，喜欢干
燥环境

舞乙女

青锁龙属。原本是向上
生长的物种，会随着时
间而下垂。四角形叶片
层层叠叠交织在一起，
呈十字状

多肉图鉴 | 6

可以用挂器种植的多肉植物

菊科的佛珠和紫弦月都是下垂多肉植物的代表。挂
器适合于那些不安于容器，向往容器外世界的植物。为
了表现这一特征，挂器是最好的选择。除此以外，还
有一些经过长年累月特意培养出来的下垂品种，因此
不得不对培养出这些品种的花农们表示深深的敬意。

玉缀

景天属。茎柔软，耐高湿环境，畏严寒，冬天放在户外可能会冻死。可以在冬季铺一层塑料，搭临时暖棚，以有效防寒

佛珠

菊科千里光属。和紫弦月是同种菊科植物，因此特别喜欢水。但是由于属不同，佛珠的花发育较快

紫弦月

菊科厚敦菊属。菊科的特征就是十分喜欢水，因此与喜欢干燥的多肉植物一起种植时，记得要给紫弦月多浇水

挂器 01

无法忘记的森林

第 093 页谈到了切尔诺贝利核电站事故，
在人迹罕至的地方，
自然本来的力量不断扩大增强，
会成为植物的乐园。
于是我试着将这一点表现出来，
在铁的遗迹中，仍然会有不断生长的多肉植物。

— 使用植物

千佛手（景天属）

玉缀（景天属）

春萌（景天属）

虹之玉（景天属）

姬胧月（风车草属）

白牡丹（拟石莲花属）

柳叶莲华（景天石莲属）

月王子（景天属）

覆轮丸叶万年草（景天属）

佛珠（菊科千里光属）

锦乙女（景天属）

胧月（风车草属）

红叶祭（青锁龙属）

— 种植方法

应让多肉保持自然的感觉生长。喜欢向上攀爬的植物就让它向上，喜欢向下垂头的植物就让它垂着。当强势多肉与弱势多肉在一起时，强势多肉可能会让地给弱势多肉。我们可以去接受这种自然的安排。

准备挂器

挂器与第1章的容器不同，是挂着放置的，但多肉合种的方法基本上一致。因此，在这一章准备合适的挂器就是重点。挂起来的方法可以选择挂在天花板或墙壁上，接下来将分别介绍。

1. 制作天花板型挂器

图为成品。随自己喜好决定钢丝长度

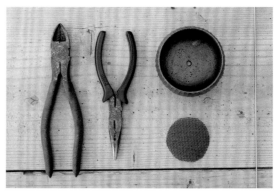

材料及工具：钳子、挂器、底网、钢丝

将钢丝一端弯成90°

围绕挂器底部弯成尺寸相同的四边形

四边形的三条边都弯好后，将第四条边的中心位置向里弯曲

然后把钢丝穿入底部小孔

把挂器翻过来，在正中间插入底网

把穿透的钢丝弯一个"J"形小勾，这样就可以挂起来了

天花板型挂器　　　　挂壁型挂器

2. 制作挂壁型挂器

图为成品。把铁丝控制在多肉可以遮挡住的长度最为合适

材料及工具：钳子、挂器、底网、钢丝、电钻

用电钻在挂器侧面打两个小孔，小孔的位置需左右对称。电钻头比较细，所以边观察样子边打孔，将孔扩大至可以穿过钢丝

将钢丝弯成"U"形，决定好挂钩长度，剪去多余部分

将钢丝两边90°弯曲。从容器上方边缘到孔的位置保留多1cm的活动长度

弯曲后的钢丝从里面插出小孔，这一步是关键

把插出来的钢丝卷起来扣紧

牢牢固定好钢丝防止挂起时掉下

挂器 02

三艘飞向天空的飞船

一艘飞船松松垮垮地下垂着，
一艘飞船飘飘摇摇地下垂着，
还有一艘圆形茂密的飞船。
那么，你想坐哪一艘翱翔天空呢？

使用植物

第 078 页
若绿（青锁龙属）
佛珠（菊科千里光属）
锦乙女（青锁龙属）
树冰（景天石莲属）
龙血锦（景天属）
小球玫瑰（景天属）
月王子（景天属）
逆弁庆草（景天属）

第 079 页左图
鲁氏石莲花（拟石莲花属）
锦乙女（青锁龙属）
黄金万年草（景天属）
普瑞诺莎（青锁龙属）
红叶祭（青锁龙属）
紫珍珠（拟石莲花属）
佛珠（菊科千里光属）

第 079 页右图
白牡丹（拟石莲花属）
覆轮丸叶万年草（景天属）
黄金丸叶万年草（景天属）
黄金万年草（景天属）

种植方法

　　像佛珠这种下垂的多肉植物可以种在容器的中央。与土接触得多的部分容易生根，会牢牢抓住土。

培育方法

　　漂浮在空中可以防止蚂蚁的入侵，放在通风良好的地方会别有一番魅力。观察植物的情况再进行浇水，给予充足水分。可以参考第 025 页"合种多肉植物的浇水方法"。

途中

越简单的容器越适合往外伸展的多肉植物生长。
在容器的家里离家出走，那个孩子大概去旅行了吧。
这是从内往外的视点——
视点不同，我们看到的景色也不同。

- 使用植物

花丽（拟石莲花属）
舞乙女（青锁龙属）
普瑞诺莎（青锁龙属）
锦乙女（青锁龙属）
虹之玉景（景天属）
黄金万年草（景天属）
小球玫瑰（景天属）

- 种植方法

主角是舞乙女，因此可以根据它的外形寻找合适的位置。

- 培育方法

刚刚种下的多肉植物或多或少会感觉有点不自然，多肉植物本身在一个新的环境里会感觉到压力，所以浇水起码要在 1 周后，浇水顺序可以参考第 025 页。等 1 个月过后，不同的多肉植物就可以发挥各自的特性，展现自然的美感。

第4章

与多肉植物一起更好地生活

前面已经介绍了很多多肉植物的合种方法，但是你真正想要知道的或许可以在本章找到答案。为了与多肉植物共存，愉快地享受生活，这一些知识你应该要知道。"多肉是活着的，请用多肉的视角来看多肉"。多肉在什么环境中生存呢？了解这一点，便可以窥探多肉植物的内心。

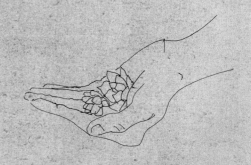

拥有多肉植物的生活

多肉植物是什么

经常说的"多肉植物"，其实种类有数千种。但是它们的共同特点是"叶、茎和根部贮藏水分"，因此它们总称"多肉植物"。季色常用的多肉植物主要是叶中贮藏水分与营养的类型，其中包括拟石莲花科、菊科、百合科等的一部分。茎部贮藏水分与营养的类型的代表是仙人掌科。根部贮藏水分与营养的类型是薯蓣科。

多肉植物原产地主要是中南美与南非的沙漠和海岸等干燥地带。你可以想象一下那片土地的样子，中午太阳悬挂在正中，火辣辣地照射着大地，空气中水分稀少干燥；到了夜晚气温急剧下降，昼夜温差达到40℃以上。在那样的环境下生存的植物坚强地进化到现在，它们体内贮藏着充足的水分，能生存下去全靠活用自己体内的水分。酷热的白天，叶的气孔（相当于植物"口"的小孔）会关闭，目的是防止水分蒸发；到了凉快的夜晚气孔又会重新打开与外部进行气体交换。

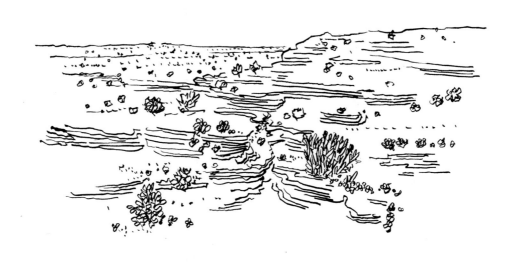

多肉植物十分喜欢水

当听到"多肉植物的生长地是沙漠和干燥地带"时，或许你会想：既然喜欢酷热的地方，那几乎就不怎么需要水了吧。

但实际上多肉植物特别喜欢水。如前面所说，多肉植物是为了适应干燥、光照强烈的环境，经过很长一段时间，才进化出体内可以贮存水分的独特形态或颜色。因此培育和繁殖的方法也各有不同。多肉植物会随着地球环境的变化而进化，我想它今后还是会继续进化的。

喜欢水是为了进行光合作用

上面提到"多肉植物十分喜欢水"，这是为了进行光合作用。不仅仅是多肉植物，所有的植物都需要进行光合作用。也有人会想到"中学时学过，但对此非常不擅长"，那么可以听我通俗易懂地说一下。

植物的光合作用就像人进行呼吸、从食物中摄取营养将能量转化成生命活动一样。植物通过呼吸将糖类即营养转化成能量来维持生命活动。这时所必要的就是二氧化碳、水和阳光这三个条件。二氧化碳进入到植物体内发生反应，产生氧气、水和糖分。用化学公式表示：

$$6CO_2 + 12H_2O \longrightarrow C_6H_{12}O_6 + 6H_2O + 6O_2$$

产生的氧气从气孔排出。当你看见最近建设的高楼大厦时，就会明白绿色的墙面，大楼中设计的庭院，都是为了与周围街道的氛围相协调。这仅仅只是为了人类吗？这是为了将空气中温室气体的一种即二氧化碳转化为氧气。而从植物的角度来看，这是生存所必须的东西。因此，这不仅仅是为了人类，还是为了植物生存所需的生命活动。我最近常想，为了顺利地进行这些，我们对自然多一点关心是非常重要的。

但是由于多肉植物体内贮藏了大量水分，如果外部给水过多，就会造成体内水分过剩。这可能就是造成"不浇水也行"的错误观念的原因。请务必记住"相对于其他植物，多肉植物不用浇那么多水"这一点。

创造顺利进行光合作用的环境

光合作用受到温度、光照强度及二氧化碳浓度的影响。一般而言，温度在10~30℃时，光合作用效果较好，植物可以有效地产生促进叶子变绿的色素即叶绿素。温度过高或过低，光合作用都会无法顺利进行。如果叶绿素逐渐被分解，水分变少，二氧化碳变少，或者光照变少，各项平衡遭到破坏，植物就无法进行光合作用。

这样一来植物因缺少所需要的物质就会发生变化。例如，如果缺少光照，为了追求光就会向有光的地方生长延伸；如果缺少水，就会开始使用自己体内贮藏的水，当体内水分变少时，光合作用下生成的糖分和根吸收的必要元素就无法运输，当贮藏的水分全部耗尽时，植物就会枯萎死掉；难以想象生物圈如果缺少二氧化碳会怎么样，如果缺少二氧化碳，生态系统就无法存续，也可能造成整个生态系统毁灭。

温度在10℃以下或30℃以上会使光合作用受到限制，因此就有了在这样的温度下"少浇水更好"的说法。多肉植物在无法进行光合作用时会使用体内贮藏的营养维持生命活动。

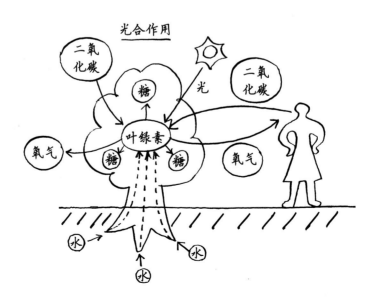

多肉植物的光合作用与一般植物稍有不同

　　为了适应生存环境而经过长时间进化的多肉植物，其发生光合作用的方法也随着周围环境的变化而变化，这种特别的光合作用的方式被称为"景天酸代谢（CAM）光合作用途径"。很多植物都在白天吸收二氧化碳进行光合作用，从而产生糖分，排出氧气。但是多肉植物是在夜晚开始进行 CAM 光合作用。

　　炎热的白天为了避免自身的干燥，多肉植物会关闭进行氧气与二氧化碳交换的气孔，这可以使水分的蒸发降低到最低程度。等到了凉爽的夜晚，多肉植物会打开气孔吸收二氧化碳，液泡会贮藏营养和苹果酸，次日，贮藏的苹果酸能与光发生反应，生成糖。这就是 CAM 光合作用途径。正是因为光合作用消耗了大量的时间与能量，多肉植物的成长变得缓慢了。

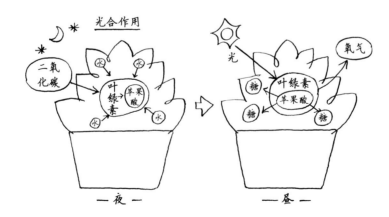

多肉植物并非室内绿植

从多肉植物的光合作用、生命维持的方面看，如果晚上将多肉放置于密闭空间会给它造成压力。因为无法完全地进行呼吸，产生不出营养物质，这样一来多肉就变得很脆弱了。因此，即便是晚上也应该尽可能将多内植物放在通风的地方，这才是对多肉生长有益的环境。"夜晚的密闭空间"是指房间、室内等地方。因此，请务必要记住这一点：多肉植物并非是一种室内植物。

近年来随着生活方式的转变，多肉植物常被用作室内装饰物。但是多肉本来是一种在阳光直射环境下健康生长、进化的植物，对这样的植物而言，屋内光照量远远不够，其生存会变得十分困难。

多肉植物生活要点"光、风、水"

虽说如此，但要还原多肉植物原本生存环境是很困难的。如果放在室外进行管理，就可以使其受到自然的风吹。但是，能让多肉植物健康生长的条件并非只有这一点。

光、风、水，这是能使多肉植物寿命增加的三个条件。说起来简单，但是要真正做到并不容易。并不是你觉得"这个地方不错"就行，而是要让多肉植物觉得"这个地方不错"。

想被放在哪里？现在水够了吗？光和风怎么样？请每天都留意一下多肉植物的状态。这样你渐渐就能听懂多肉植物的心声，知道多肉植物想被放置在哪儿了。

多肉植物的魅力

季色曾说过多肉植物的魅力在于：①形状、颜色；②生命力；③环境适应能力。

第一次看见多肉时我就被它独一无二的个性特征所吸引。这样不可思议的形状，可以活下去吗？不自觉地就想这样与它们对话。调查后发现，多肉植物种类丰富，不同品种有不同的外形、颜色与魅力，就渐渐喜欢上了多肉。与多肉开始打交道的日子里，有一天从一片叶子上长出了新芽，生出了根茎。看着这些可爱的新生命，不由得内心充满感动。

多肉植物为什么会发芽呢？为什么会长成这种形状呢？为什么是这样的颜色呢？为什么会长毛呢……这些疑问不断出现，于是就想知道更多关于多肉植物的知识。

多肉植物的生存环境严酷，为了继续生存而不得不缓慢地进化，以此来适应环境。这并非是为了谁，只是为了能够生存下去而形成的形状、颜色和姿态。例如，百合科十二卷属的多肉植物，有的生长在干燥的岩石间，有的生长在树荫下，为了有效利用那一点点光从而进化成了叶尖透明的模样。再如，伽蓝菜属的福兔耳叶片附毛，这是为了利用毛来控制照射在叶片上的光量；拟石莲花属中有叶片覆白霜的品种也是为了控制光量。这都是进化的结果。

日本的多肉植物，红叶之美

要说"日本的多肉植物是世界第一美"，也并非是夸大其词。

这与日本独特的四季有关。日本的多肉植物叶会变红，虽然多肉植物原产地在南美和南非，但引入日本后，很多生产者培育出了顺应日本天气的多肉植物。在江户时期的文献里还记载着现存多肉植物的名字。

当冬天夜晚气温下降时，日本培育出来的多肉植物叶色就开始发生变化。颜色的变化有"黄叶"和"红叶"两种。

植物的叶中有黄色色素即叶黄素，当盛行光合作用的季节到来时，多肉植物就会渐渐产生使外观变绿的叶绿素，这时叶黄素就会隐藏在植物体中。当气温下降，光合作用减少时，叶绿素的生成也会变少，受原本就有的叶黄素的影响，植物就会变成黄叶。

那么，变成红叶又是什么原因呢？当气温下降光合作用减少时，叶片中贮藏的糖分会与太阳紫外线发生反应，与红色色素花青素结合导致叶片变红。此外，植株颜色的深浅程度与植物内的葡萄糖含量有关。直到入秋之前植物都会进行光合作用，叶片里如果贮藏有大量葡萄糖，就会变成深红色；相反如果贮藏的葡萄糖少，就会变成浅红色。

多肉植物的生存之道

当听到红叶时，你是否会想到落叶呢？诸如银杏枫叶，火红绚烂之后便随风掉落。但是，多肉植物的"红叶"不会凋落。这是为什么呢？

人们常有红叶会凋落的印象，实际上两者完全不同。

落叶树为了保护自身抵御冬天的严寒和干燥，会在秋季落叶。然而多肉植物生长在严酷的环境下，为了生存下来，它需要肥沃的叶片来有效贮藏大量的水分、用于光合作用的糖、从根茎中吸收到的必要元素等。

当然多肉植物作为植物的一种，也会开花，但是帮助授粉的虫、鸟等动物在多肉植物生存的恶劣环境中是很难看见的。因此，就像通过开花结果、产生种子繁殖的植物一样，多肉植物也需要延续下一代，于是它就进化出了生长点。从叶子上，或是从折断的根茎上长出新芽，依靠自己来繁殖。

无论置身何处都不会有意见，为了适应环境而产生变化，这就是多肉植物。我不知道用"魅力"一词来形容是否合适，但是它教会了我生存和适应的本质。

光的必要性

为了能与多肉植物更好的生活，季色希望能再次详细谈谈光的必要性，虽然这是一个很难的话题，但是敬请谅解。

光在多肉植物的生长发育中起到十分重要的作用，那么这是什么光呢？

多肉植物在生长发育时期，叶绿素通过光合作用吸收的光有特定的波长，主要吸收蓝光（400~500nm）和红光（600~700nm）。用于表示光吸收量的光合有效光量子通量密度（photosynthetic photon flux density, PPFD）的单位是 $\mu mol/(m^2 \cdot s)$，盛夏直射日照为 $2000\mu mol/(m^2 \cdot s)$，阴天时为 $50\mu mol/(m^2 \cdot s)$、小学教室的桌子上为 $10\mu mol/(m^2 \cdot s)$。小学教室是用于学习的，所以虽是室内但也常给人光线明亮的感觉。多肉植物的生长发育所需的 PPFD 为 $300~500\mu mol/(m^2 \cdot s)$。之所以说"盛夏请放于阴凉处"是因为光照太强。但是在其他的季节如果不给予阳光，就会造成光不足。

接下来看一下室内的光照。如果盛夏晴天将多肉植物放在光照充足的客厅窗口，那么其所需的光是充足的。但是阴天室外的 PPFD 是 $50\mu mol/(m^2 \cdot s)$，那么室内就会更低。"多肉植物可以顺应置身环境进行进化"也就是说，当处于光照少的环境中时，多肉植物为了生存就会发生变化，为了追求光而不断向光源方向伸长，光照过少就无法进行光合作用，更无法产生能量，这样多肉就会耗尽能量而亡。

红叶的产生与紫外线强度、室外充足的日照和糖分积累等有关，因此如果没有特殊的环境，将多肉植物放在室内是不行的。

不同种类多肉植物的培育方法、种植方法和要点

很多人认为多肉植物种类繁多，难以分辨，但事实上，多肉植物是有规律可循的，那就是"属"。属是区别不同种类植物的标志，因此，只要知道属，就可以大致想象出植物的喜好、形状、特征等。下表中总结了季色常用的一些多肉植物，希望可以为大家培育或装饰多肉植物时提供一些帮助。

表　不同种类多肉植物的主要代表植物及种植要点

科	属	主要植物	要点
景天科	拟石莲花属	白牡丹、七福神、花月夜、舞会红裙、紫珍珠、桃太郎、皮氏石莲花、粉蓝、雪锦星、多明戈、红稚莲、鲁氏石莲花	拟石莲花属是多肉最具代表性的种类。呈莲座丛状，叶片像玫瑰花一样优雅华丽地伸展。杂交种类多样，受人喜欢（参考第030~031页）
	莲化掌属	夕映爱、艳姿、爱染锦、黑法师、玉龙观音、花叶寒月夜	茎不断生长扎到土里，就成了真正的根。属于冬种型
	风车草属	秋丽、胧月、姬胧月	叶片肥厚，随着生长时间枝叶下垂的情况很多
	景天属	虹之玉、黄金万年草、乙女心、白霜、森村万年草、龙血景天、覆轮丸叶万年草、姬玉叶、白花小松、虹之玉景、春萌、逆弁庆草、千佛手、龙血锦、月王子、粉雪、玉缀、黄金丸叶万年草	拥有400多个品种。群生，生长速度快，喜欢阳光和水，是比较容易存活的品种。有茎挺立的种类和较矮的万年草种类（参考第020~021页）
	青锁龙属	红叶祭、绒针、火祭、若绿、矾松之锦、雪绒、普瑞诺莎、锦乙女、筒叶菊、花月	叶片呈十字形，棒状生长。既有植株挺立的种类，也有植株下垂的种类，叶片姿态是合种多肉的亮点
	厚叶草属	月美人、千代田之松、灯美人、东美人、桃美人、紫丽殿	叶片厚重，适宜放在通风、光照良好的地方
	伽蓝菜属	福兔耳、月兔耳、唐印、蝴蝶之舞	适应日本气候培育出的种类，容易养活，附有毛。红叶型植株种类繁多
	景天石莲属	蒂亚、柳叶莲华、树冰	景天属与拟石莲花属的杂交种类，融合了两个品种的特征，适宜放在通风、光照良好的地方
百合科	十二卷属	冰灯玉露、水滴石、白水晶、玉虫、水晶掌、宝草、草玉露、雪之花、萌、帝玉露、雪花玉露	生长在岩石缝隙和树荫下的种类，仅靠一点阳光就能生长。叶片具有透明感，受到光照就会变得透明。尽量避免夏日阳光直射，给予柔和的光照
菊科	千里光属	佛珠、美空鉾、银月	多为下垂品种，生长速度快。与土接触极易生根，根茎品质较好。喜水，因此需多浇水
	厚敦菊属	紫弦月	与千里光属生长模式相同，但花的形状不同

顺利培育出多肉植物的问题解答

我去过很多地方的多肉植物展示会，
当我开始尝试做出合种多肉植物时，便收到了各种各样的询问。
比如，为什么号称"不会枯死"的多肉植物最后还是枯死了？多肉植物颜色变淡了怎么办……
我从中整理出了一些经常被问到的问题。你们放在家里的多肉植物还好吗？

问题 1

多肉植物浇水量是多少？

如果放在光照充足的地方，可以每 2 周浇 1 次水，浇水时泥土要浇透。实际上大家放置多肉植物的环境各种各样，建议一边观察多肉植物的状态一边浇水。

多肉植物不需要经常浇水，是比较容易养活的植物。但水不足的话，多肉植物就无法进行光合作用，无法输送营养。充足的光照和适量的给水是养活多肉植物的要点，可以参考第 025 页。

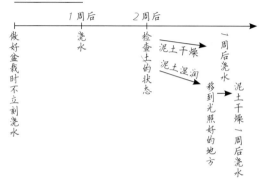

问题 2

多肉植物放在哪里比较好？

建议放置在室外光照充足的地方，室内光照普遍不足，关于光照请参照第 086、088 页。

问题 3

多肉植物什么时候移盆？

景天科的多肉植物生长期多在春、秋季，所以以春、秋季节适宜移盆。特别在日本秋分时节非常适合。

问题 4

多肉植物是否有必要施肥？

原有的肥料足够多肉植物生长 2 年左右。随着时间的增加可以考虑追肥，推荐使用"缓效性肥料"。

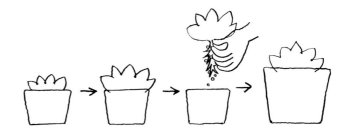

問題 5

多肉植物可以淋雨吗?

多肉植物可以淋雨，但请不要连续使其淋雨2d以上。你可以想象一下它原产地的生态环境，应该是不会连续下雨的。当然雨少的地方也不意味着绝对不会下雨。日本在梅雨时节经常会下雨，这时就要多加小心。连续淋雨会使多肉植物体质变弱，无法吸收光合作用所必要的二氧化碳。可以淋雨一两天，连续3d的话就会因为无法补充二氧化碳而给多肉造成压力，叶片就会产生活性氧，攻击自身。这相当于人类由压力引起的胃溃疡。特别要注意不要在晚上让多肉淋雨，因为夜晚多肉的气孔处于开放状态。如果只是像浇水那样淋湿叶片的雨，就不用担心，这种程度的雨有利于清洗掉多肉叶片的灰尘，某种程度上有助于其生长。

問題 6

多肉植物长大了应该怎么办?

移盆有利于促进多肉植物根的生长，因为替换泥土对多肉有好处。"长大了"是什么样的状态呢? 多肉植物刚开始养植时小小的很可爱，一下子就长大了看上去没那么可爱了。这是我常听到的说法。这种情况下的"长大了"多半是指由于光照不足造成的徒长。多肉植物大部分是通过CAM光合作用途径来进行光合作用(见第085页)，分成白天与夜晚两个阶段进行光合作用，可以说相比于其他植物，多肉植物生长更缓慢。多肉植物以肉眼可见的速度过早生长时，可能是受到了某种压力，为了维持生命而不得不发生变化。如果出现刚养植不到1个月就生长迅速的这种极端情况，请先考虑是否光照不足、浇水过多。

季色与多肉植物

我们想谈谈是如何与季色的多肉植物相遇的。
这是让我们与多肉植物产生联系的一步，也是维持不变理念的一步。

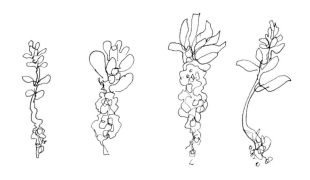

2008 年 6 月

　　原本是与多肉植物没有太多因缘的夫妻，在亲戚的推荐下拜访了"八岳俱乐部"，在那里见到了园艺家柳生真吾提案的多肉花环。妻子说："想要"。丈夫说："不买这种以后会枯萎的植物"。

　　因为妻子想拥有的愿望太过强烈，在回去的路上丈夫买了一本真吾先生的著作，上面记载了多肉花环的做法。

　　第二天，丈夫下班后在附近的花店和杂货店找到了当时流通量不多的多肉植物，参照这本书的做法做出了多肉花环，作为礼物送给妻子。收到礼物的妻子露出了开心的笑容，看着那份笑容丈夫感到很幸福。

　　之后，他们按照真吾先生书上所写的方法尝试着做了各种多肉的合种花环和挂饰等，庭院里也摆满了多肉。没有地方可以再添加新的装饰物了怎么办？于是他们不仅仅再局限于庭院，在外面的玄关等地方也逐渐装饰上了多肉。同时，路过的人看到这些多肉饰品开始询问"这是从哪买的？"于是他们渐渐地开始接受订单。如果作为一项工作来做，就可以直接与植物流通市场及农户合作交易，了解到这一点后，他们决定成立自己的工作室。

2009 年 6 月

　　于是"季色"就诞生了。

　　多肉植物的魅力之一就是它会随着四季流转变化，你可以愉快地欣赏它的美。这样想着，于是夫妻俩就将工作室取名为"季色"。每日为生活而忙转的家庭，总是不经意间就迎来了盛夏，不觉间又到了寒冷的严冬。要是大家能更好地感受、度过季节的变迁就好了。

　　多肉植物从容地教会了我们何为四季，使心灵也得到了一丝悠闲的宁静。于是我想把这份从容也带给大家，"季色"就带有着这样的意义。

　　从那以后，无论什么时候这个理念都不曾动摇。季节流转，我希望有更多的人会因多肉而感动，领略多肉植物的魅力。于是在 2016 年，不仅仅是给日本的人们，更是为了向全世界的人们传递这一种心情，我把他用罗马字母"TOKIIRO"来表达。

　　"季色"从给身边人带来发自内心的愉悦出发，为了让世界上更多的人感到幸福快乐，流露出微笑，我们每天都在持续努力创作。

给读者的一封信

不仅仅局限于多肉植物的原产地，多肉植物吸引了日本、中国、欧洲等世界各地的关注。

一种植物能受到如此广泛地区的关注，我想一定是有某种理由的。或许这可能是受全球温室效应的影响，大家希望这样一种拥有良好适应能力的植物能在广范围地区内得到普及。人类与动物都需要吸收植物光合作用所产生的氧气来维持生命，换言之，如果植物不进行光合作用人类就无法生存。如果没有植物，人类将不复存在。但是没有人类，植物依然可以存活。

距离切尔诺贝利核电站事故的发生已经过去了30年，即便已经过了有害物质铯-137的半衰期，但这30年间街道上仍然空无一人。由无人机拍摄到的一段有关切尔诺贝利现状的影像得到公开播放，这段影像在某种程度上给人们带来了一定冲击——画面上俨然是超越人力的动植物天堂。无人的街道上是即便DNA受损但依旧繁茂生长的植物，它们占据了人类制造的建筑物，密密麻麻地生长着。它们接受了所处的环境，接受了放射性物质并返还于土壤中，延续给子孙后代，这样反复循环着，守卫地球。

话虽如此，但我却没有人类无用、想变成植物之意。在很久很久以前，人类就与植物很好的共生延续至今。无论是食物、饮料还是药物，我都对植物心存感恩。随着现代化的发展，人们谋求经济效益开始大量生产，大量消费，追求便利性和高效率，使共存的天平渐渐开始倾斜，结果是人类成为了地球的统治者。

季色想向世界诸位传达的是，通过多肉植物的魅力，放眼于人类与植物和地球的未来，不要局限于人类的视角，用植物的视角、地球的视角与自身所处环境相协调，呼吁大家怀抱与地球共存的思想。第一步就是"将多肉植物放在室外"。我怀揣着这样一种理想，希望有更多人能领略多肉植物的魅力，可以亲身体验、培育多肉。为此今后也将会不断努力。

图书在版编目(CIP)数据

拥有多肉植物的生活 / 日本季色著；张琳译. —
北京：中国纺织出版社，2019.5
ISBN 978 - 7 - 5180 - 5951 - 5

Ⅰ.①拥… Ⅱ.①日… ②张… Ⅲ.①多浆植物—观
赏园艺 Ⅳ.①S682.33

中国版本图书馆 CIP 数据核字(2019)第 029161 号

原文书名:多肉植物生活のすすめ
原作者名:TOKIIRO
TANIKUSYOKUBUTSU SEIKATSU NO SUSUME by TOKIIRO
Copyright © TOKIIRO,2017
All rights reserved.
Original Japanese edition published by SHUFU TO SEIKATSU SHA CO.,LTD.

Simplified Chinese translation copyright © 2019 by China Textile & Apparel Press
This Simplified Chinese edition published by arrangement with SHUFU TO SEIKATSU
SHA CO.,LTD.,Tokyo,through HonnoKizuna,Inc.,Tokyo,and Shinwon Agency Co.
Beijing Representative Office,Beijng
本书内容未经出版者书面许可,不得以任何方式或任何手段复制、转载或刊登。

著作权合同登记号:图字:01 - 2018 - 2985

责任编辑:傅保娣　责任校对:王花妮　责任印制:王艳丽

中国纺织出版社出版发行
地址:北京市朝阳区百子湾东里 A407 号楼　邮政编码:100124
销售电话:010—67004422　传真:010—87155801
http://www.c-textilep.com
E-mail:faxing@ c-textilep.com
中国纺织出版社天猫旗舰店
官方微博 http://weibo.com/2119887771
北京华联印刷有限公司印刷　各地新华书店经销
2019 年 5 月第 1 版第 1 次印刷
开本:710×1000　1/12　印张:8
字数:91 千字　定价:49.80 元

凡购本书,如有缺页、倒页、脱页,由本社图书营销中心调换